DOCUMENTS

POUR SERVIR A L'HISTOIRE

DE LA

MALADIE DE LA VIGNE.

INSTRUCTION POPULAIRE, par le D.r BERTOLA;
RAPPORT, ANALYSES, etc.;

traduits de l'Italien

Par M.r Th. Cuigneau,

DOCTEUR EN MÉDECINE, MEMBRE DE LA SOCIÉTÉ LINNÉENNE, ETC.

(*Extrait des* ACTES *de la Société Linnéenne de Bordeaux;* T. XVIII, 5.e liv.).

BORDEAUX,
Imprimerie de TH. LAFARGUE, Libraire,
RUE PUITS DE BAGNE-CAP N.o 8.

1853.

DOCUMENTS

POUR SERVIR A L'HISTOIRE

DE LA

MALADIE DE LA VIGNE.

INSTRUCTION POPULAIRE, par le D.r BERTOLA;
RAPPORT, ANALYSES, etc.;

traduits de l'Italien

Par M.r Th. Cuigneau,

DOCTEUR EN MÉDECINE, MEMBRE DE LA SOCIÉTÉ LINNÉENNE, ETC.

(*Extrait des* ACTES *de la Société Linnéenne de Bordeaux;* T. XVIII, 5.e liv.).

BORDEAUX,
Imprimerie de TH. LAFARGUE, Libraire,
RUE PUITS DE BAGNE-CAP N.o 8.

1853.

En ma qualité de membre de la Commission formée dans le sein de la Société Linnéenne de Bordeaux, pour étudier la Maladie de la Vigne, dans la Gironde en 1852, j'ai été chargé par elle de traduire et d'analyser les documents que nous avions reçus d'Italie sur cet important sujet.

Tous ces documents sont d'ailleurs réunis à la suite du Rapport de la dite Commission, et insérés dans les ACTES *de la Société Linnéenne* (t. XVIII, 5.e liv.)

D.r TH. CUIGNEAU.

28 Février 1853.

169

PREMIÈRE SÉRIE.

DOCUMENTS PIÉMONTAIS.

RAPPORT[1]

SUR LES DEUX MÉMOIRES SUIVANTS :

1° **Relazione intorno alla Malattia delle Uve**, dottore BERTOLA, *relatore*. — (Torino, 10 Settembre 1851);

2° **Sulla Malattia delle Uve Istruzione popolare**, del Dottore BERTOLA. (Torino, 19 Luglio 1852);

MESSIEURS,

J'avais été chargé par vous de l'honorable et quelque peu difficile mission de vous rendre compte de deux Mémoires que la sollicitude éclairée et pleine de ressources de notre zélé Président de la Société Linnéenne[2] vous avait procurés. Ces deux Mémoires, dûs au même auteur, ont été publiés à dix mois de distance, l'un le 10 Septembre 1851, le second le 19 Juillet 1852.

Tous deux se recommandaient à vous par le nom de l'auteur, par la haute position de la Société, sous l'inspiration de laquelle ils ont été faits, c'est l'Académie Royale d'Agriculture de Turin; tous deux enfin se recommandent, je puis bien le dire d'avance, par le soin extrême qui a été apporté à leur confection.

---

[1] Lu en séance de la Commission de la Maladie de la Vigne, le 2 Décembre 1852.

[2] M. Charles Des Moulins.

Le premier est intitulé : *Relation de la Maladie des raisins*, lu dans la séance extraordinaire du 10 Septembre 1851, par le D.r Bertola, au nom d'une Commission composée de MM. Cantu, Abbene, Prof.r Dalponte, D.r Joseph Lessona, Bonaselli et Griseri, ces deux derniers chimistes.

Le titre seul, *Maladie des raisins*, vous indique déjà le point de vue sous lequel après de minutieuses et longues discussions, le rapporteur est venu se ranger. A cette époque (Septembre 1851), déjà la maladie sévissait pour la seconde fois dans le Piémont, la sollicitude du Gouvernement avait été éveillée, et, de tous côtés, rapports et communications affluèrent vers la Commission spéciale saisie de la question. Les documents fournis par les diverses autorités (Intendants des Provinces) de toutes les parties du royaume, les communications officieuses dues à quelques personnes zélées, les travaux de la Commission elle-même forment un ensemble considérable, qui, à lui seul, constitue, à peu de chose près, la première partie du Mémoire qui nous occupe.

Je ne puis vous faire connaître en détail tous ces faits ; mais ce qu'il y a de plus remarquable, c'est que si dans ce rapport, aux noms Italiens on substitue ceux des diverses communes de la Gironde, à ceux des observateurs cités, d'autres noms connus de vous tous, le rapport Italien traduit en français pourrait, au moyen de cette mutation, recevoir ce titre : *Relation de la Maladie du Raisin dans la Gironde*. Ainsi, apparition, marche et développement de la maladie avec toutes ses variations, avec ses contradictions et ses aberrations apparentes ; opinions de tout genre émises à ce sujet, moyens curatifs employés, tout est semblable ; il y a plus, tout est identique, et cela, même dans des détails en apparence insignifiants. Pour ne vous en citer qu'un, je vous rappellerai que dans une de vos séances, on vous communiqua une feuille de *Plantago*, qu'on présumait à sa coloration blanche être recouverte d'*Oïdium Tuckeri;* le même fait, mot pour mot, s'était présenté aux commissaires de Turin (1).

Je reprends l'analyse du rapport.

Après avoir raconté l'apparition de la maladie en Angleterre (1845), où le jardinier Tucker la signale le premier, où le D.r Berkeley détermine spécifiquement l'oïdium nouveau, son apparition en France (1850), où notre savant correspondant, le D.r Montagne, la reconnaît à Suresne, M. Bertola rend compte des travaux de la Commission dans les territoires de Rivoli, de Moncalieri et de Pianozza. Il passe en revue rapidement les moyens employés et termine par ces rapports officiels dont j'ai déjà parlé.

Je me borne à faire deux remarques dans cette première partie.

1° En parlant de l'apparition de la maladie en Angleterre, M. Bertola rapporte (2) (et ces paroles imprimées entre guillemets indiquent que l'auteur les a extraites d'un ouvrage, je ne sais lequel) que M. Tucker, de Margate, reconnut la maladie sur la vigne cultivée dans les serres et *à l'air libre* (*all' aria libera*). Il me semble qu'on a négligé bien souvent de tenir compte de ce fait, et peut-être à tort, car, souvent on s'est appuyé sur la première partie seule de l'observation de M. Tucker; témoin M. le D.r Bouchardat, qui dit (3) : *C'est dans les cultures des vignes forcées que le mal a pris naissance pour se répandre au dehors.*

2.° Parmi les moyens employés et signalés par M. Bertola, il en est un qui pour nous a acquis un certain degré d'intérêt, par suite de la communication que vous a faite

(1) D.r Bertola; *Relazione intorno alla malattia delle uve*, p. 42.

(2) D.r Bertola; *loc. cit.*, p. 3.

(3) Compte-Rendu des séances de l'Académie des Sciences; 1851, 2.e semestre, cité par le D.r Bertola; *loc. cit.*, p. 61.

un des viticulteurs (1) du département que vous avez admis à vos réunions, je veux parler de la vapeur du soufre brûlant. Mentionné au commencement du rapport (2) en quelques lignes, cet agent reparaît plus loin (3), M. Cantu, président de la Commission de Turin l'ayant employé avec le plus grand succès : mais ajoute-t-il, *il demande la plus grande précaution.*

Il est bon de remarquer toutefois à ce sujet, que M. Bertola signale dans cette application du soufre, un fait que votre sous-commission avait elle aussi reconnu : c'est *le grand dommage qui en résulte pour les feuilles.*

Plus loin, M. Bertola blâme l'effeuillage immodéré de la vigne, comme moyen curatif. Or, l'inconvénient remarqué dans l'action de la vapeur sulfureuse, représentant un effeuillage d'une certaine espèce, peut-être doit-on attribuer à ce motif le silence que le savant rapporteur a gardé dans sa discussion générale sur ce procédé, qui ne se trouve ainsi cité que pour mémoire.

La seconde partie beaucoup plus importante que la précédente est la discussion de tous les faits déjà indiqués.

La description de la maladie, sa fréquence plus ou moins grande sur telles ou telles espèces ou dans telle ou telle exposition sont traitées en peu de mots et reproduites littéralement dans l'*Instruction populaire* dont je parlerai plus tard ; mais, tout d'abord, comme rapporteur, M. Bertola déclare que la maladie lui parait extrinsèque, maladie du *raisin* et non de la *vigne,* due à la présence et au développement d'une production cryptogamique. Cette opinion est du reste appuyée et défendue par les professeurs *Savi* de Florence, *Gasparrini* de Naples, *Gaddi*, de Modène.

---

(1) M. de La Vergne, prop., à Macau.

(2) D. Bertola, *loc. cit.* pag. 8.

(3) D.r Bertola, *loc. cit.* pag. 53.

Non content de s'appuyer pour soutenir cette opinion sur les observations de la Commission et sur ces autorités illustres et certainement bien compétentes, notre auteur reprend une à une pour les réfuter toutes les opinions contraires.

C'est ainsi qu'il passe en revue les prétendues causes suivantes :

(*a*) L'action directe d'un principe miasmatique sur la peau du raisin (M. Roubaudi, de Nizza);

b. La désorganisation de l'épiderme (M. Orlandi);

c. Le défaut d'équilibre dans les fonctions vitales de la vigne, produit par quelques circonstances météorologiques ou géologiques (Commission de Gênes);

d. Les vicissitudes atmosphériques seules (M. Zumaglini) et les prétendues découvertes de ce même observateur, fesant de l'*Oïdium Tuckeri*, un *Acrosporium micropus* et annonçant un nouveau genre et une nouvelle espèce de champignon sous le nom de *Cacoxenus ampeloctonos;*

e. Une altération primitive mais inconnue de la plante : cette opinion contraire à celle qui est généralement répandue en France, dit M. Bertola (1), appartient à M. le D.r Leveillé, et cependant ce même observateur, de même que M. Decaisne avoue n'avoir jamais observé que des lésions externes.

Près de cette théorie, se rangent celle de MM. les docteurs Ronca et Beccari, qui regardent la maladie de la vigne comme analogue à la pellagre et celle de M. Panizzi, qui est conduit à admettre un affaiblissement de la vitalité de la plante.

f. Enfin, un chimiste, M. Righini l'attribue à une réaction chimique du suc acide du raisin sur la matière azotée.

Notons encore que pour ce qui regarde l'*Oïdium Tuckeri*

(1) *Loc. cit.* page 38.

lui-même, M. le P. Savi a admis son identité avec l'*Oïdium Leuconium* que notre savant cryptogamiste, M. Desmazières, a reconnu en France sur une foule de plantes.

M. Bertola passe ensuite à l'examen de la facilité de reproduction de la maladie et à ce sujet, permettez-moi, Messieurs de vous reproduire son opinion sur les spores :

» *Les semences de cette espèce* (d'Oïdium) *comme d'une* » *infinité d'autres végétaux microscopiques, connus ou in-* » *connus, ont toujours existé et existent en tous lieux,* » *suspendus dans l'atmosphère, se déposent sur tous les* » *corps, mais ne se développent que quand elles se trouvent* » *dans des conditions favorables* (1) ».

Cette opinion n'est pas du reste nouvelle et le savant M. Dutrochet la formulait ainsi (2) : « Les moisissures, byssus, etc., doivent leur apparition au développement de » germes invisibles répandus avec profusion dans la na- » ture et n'attendant que des conditions favorables pour se » développer » ; et plus loin : « Les moisissures ont des se- » mences dont la ténuité est excessive, et qui, répandues » dans l'air atmosphérique, contenues même peut-être dans » les liquides animaux et végétaux, se développent sous for- » me de thallus filamenteux, lorsqu'elles se trouvent envi- » ronnées de conditions nécessaires à leur développement ».

Quant aux prétendues anomalies observées dans le développement de la maladie, sous le rapport de l'influence de l'humidité et de l'exposition, M. Bertola fait voir par un examen rigoureux que ces contradictions ne sont qu'apparentes et que toujours il y a une certaine humidité pour expliquer l'apparition de l'*Oïdium*.

La maladie se présente-t-elle actuellement pour la pre-

---

(1) D.r Bertola, *loc. cit.* pag. 43.

(2) Dutrochet; *Sur l'origine des moisissures*, in Ann. Sc. nat. 2.e s.ie T. 1.

mière fois ? En réponse à cette question, M. Bertola rapporte avec doute d'après les docteurs Ronca et Beccari qu'elle aurait fait apparition dans le Montferrat en 1543 ; d'après M. Protati, en 1780 dans la Novarre. Une récente communication, que nous devons encore aux relations si étendues de notre Président est venue jeter quelque lumière sur cette question (1). Toutefois notons que, dès 1851, M. Bertola s'exprimait ainsi (2) :

» Généralement, on admet que la maladie actuelle n'a » pas existé de mémoire d'homme. Je n'en trouve aucune » indication dans l'ouvrage classique d'agriculture de Rozier, » ni dans celui plus récent et intitulé *Seul cours complet* » *d'agriculture*, ni dans les autres ouvrages moins impor- » tants que j'ai pu consulter dans le peu de temps que j'ai » eu. Il me semble toutefois assez croyable que *cette mala-* » *die a pu apparaître d'autres fois, mais partielle et inof-* » *fensive et n'ayant que peu ou point de suite* ».

Examinant avec détail et par la voie de l'expérience les effets des raisins malades sur l'homme et les animaux, soit comme aliment, soit comme boisson, M. Bertola conclut à leur innocuité. Quant au produit, l'opinion de la Commission est des plus formelles. « Quant au vin (3), la Commission » n'hésite pas à déclarer comme privée de fondement, la » crainte trop généralement répandue et favorisée par quel- » ques spéculateurs, que les qualités nuisibles du raisin en » passant dans le vin ne devinssent la cause de maladies » pestilentielles très-graves.

» Quand l'époque des vendanges sera arrivée, les grains

---

(1) Soc. Linn. de Bord. — Commiss. de la maladie de la vigne. — Séance du 18 Novembre 1852.

(2) Bertola, *loc. cit.*, pag. 48.

(3) Bertola, *loc. cit.*, page 51.

» gravement atteints de la maladie seront tout-à-fait secs et » tomberont d'eux-mêmes, ou bien ils se détacheront faci- » lement pendant l'opération de la récolte ; au contraire, » ceux qui auront été plus tard atteints de la mucédinée, » seront presque guéris et la fermentation détruira le reste ».

Du reste, parmi nous comme dans le Piémont, des craintes analogues s'étaient produites, et votre Commission a fait insérer à ce sujet, dans les journaux de la ville, une note identique aux conclusions de la Commission de Turin (1).

Quant aux animaux, l'innocuité de cette alimentation est encore la même ; elle est attestée par le rapport très-minutieux et très-circonstancié de M. Lessona, professeur à l'Etablissement royal de la Vénerie. On y trouve encore mentionné le fait curieux suivant (2) :

« Antoine Cambiano, du village appelé Madonna del Pi- » lone, a préparé du verjus avec les raisins les plus oïdiés » et y a fait macérer de petits pains d'épices....... Son fils » aîné, atteint depuis une quinzaine de jours de fièvres » tierces, mangea de bon matin sept de ces petits pains, » but par-dessus une bonne dose de vin pur, et, dès ce » moment, la fièvre disparut ».

Le savant rapporteur continue par l'examen des divers moyens curatifs employés : effeuillage, chaux, poudre de soufre appliqués par le procédé Gontier. Il expose en détail ce procédé, de même que celui de M. Duchartre déjà appliqué par M. Kyle, agriculteur anglais, et qui consiste dans l'arrosage avec de l'eau tenant en suspension de la fleur de soufre.

---

(1) Soc. Linn. de Bord. — Commission de la Maladie de la Vigne. — Séance du 31 Août 1852.

(2) Dott. Gius Lessona ; in Dre. Bertola, *loc. cit.* page 54.

Seulement, remarquons avec MM. Bouchardat et Bertola, qu'on a donné à certains moyens curatifs une importance qu'ils n'avaient pas. La guérison de la maladie par elle-même, si je puis m'exprimer ainsi, c'est-à-dire, la disparition spontanée de l'oïdium est un fait avéré, et dès-lors, les moyens, pour être jugés, doivent être appliqués simultanément et dans les mêmes circonstances (1).

Et, pour le dire en passant, cette guérison spontanée n'est-elle pas la meilleure preuve que la maladie n'appartient pas à la vigne elle-même?

Je ne fais que mentionner la poudre de plâtre moins efficace que la chaux, la lessive de cendres, l'eau de goudron, reconnue utile par le jardinier de M. Rotschild, à Suresne, et moins heureuse entre les mains de M. Cantu, le labourage renouvelé, la taille courte.

M. Bertola conseille enfin la méthode de M. Pépin, célèbre horticulteur français, qui consiste dans la taille automnale, alors même que la vigne est couverte de feuilles et de fruits. C'était, du reste, la conclusion à laquelle était déjà arrivée la Commission de Gênes.

Enfin, et c'est la considération importante par laquelle M. Bertola termine son rapport, la maladie est-elle contagieuse? Notre Rapporteur est porté à croire qu'il n'y a propagation, transmission de l'oïdium ou des semences de l'oïdium que par la voie atmosphérique et qu'il n'y a de développement de ce même oïdium qu'autant que les spores se trouvent dans des circonstances favorables; car, ajoute-t-il (2), en définitive, « si l'oïdium peut exister sans lésion

---

(1) « Cette guérison spontanée peut avoir lieu en même temps » qu'on applique un remède quelconque, auquel, dans ce cas, on » attribue à tort l'amélioration obtenue ». D.r Léveillé, cité par M. Bertola, *loc. cit.* page 60.

(2) D.r Bertola, *loc. cit.*, page 62.

» de la substance du grain, on n'a pas vu de lésion existant » ou ayant existé sans oïdium ».

Tel est, Messieurs, le résumé succinct et fidèle, je le crois du moins, du premier Mémoire de M. le D.r Bertola. Clarté d'exposition, méthode élégante de style, discussion minutieuse, soignée, et surtout impartiale : telles sont à mes yeux les qualités qui distinguent ce rapport éminemment remarquable et qui fait le plus grand honneur au Rapporteur savant et zélé qui l'a rédigé, et à la Société dont il a l'honneur de faire partie.

Le second Mémoire est, comme son nom l'indique, une *Instruction populaire*, c'est-à-dire à la portée de tout le monde, rédigée par le même D.r Bertola, et approuvée par la Commission de l'Académie royale d'Agriculture du Piémont, dans sa séance du 19 Juillet 1852.

Cette instruction, très-succincte, est pour ainsi dire un résumé du grand rapport de la Commission que j'ai analysé précédemment ; il y a tout ce qui peut intéresser un propriétaire, un viticulteur, touchant la maladie de la vigne ; rien de plus, rien de moins.

Seulement, tout en faisant des extraits textuels dans son premier Mémoire, pour ce qui regarde par exemple la manière dont apparait et se développe la maladie, M. Bertola y ajoute la description qu'en a donnée un homme, dont personne ne pourra décliner le savoir et la compétence, M. Hugo Mohl.

Cette description des phénomènes m'a paru tellement claire, que je ne puis m'empêcher de l'insérer dans mon rapport (1).

---

(1) Ici se trouvait un extrait qui a été supprimé à l'impression, la Commission ayant décidé que la traduction complète de l'*Instruction populaire* serait jointe au présent Rapport.

Vous le voyez, Messieurs, cette description est claire, précise, quoique minutieuse : c'est ce qu'a vu M. Bertola, ce que vous avez vu, ce que tout le monde a vu parmi nous. Ce qu'il y a de plus remarquable, c'est qu'à cet exposé pratique, en quelque sorte, M. Bertola a su joindre la description véritablement scientifique de cette production cryptogamique, afin que tout le monde pût bien savoir de quoi il s'agit, et pût distinguer au moyen de caractères spéciaux, la maladie actuelle d'autres altérations de la vigne, telles que :

1.° Le développement extraordinaire de poils qui caractérisent spécialement certaines variétés de la vigne ;

2.° D'autres cryptogames, comme l'*Erineum vitis* ;

3.° D'autres altérations appelées en Italien *marino*, *brusarola* et qui correspondent aux effets que chez nous on attribue à l'influence des *vents* dits *salés*.

Sans entrer dans la discussion approfondie des causes de la maladie actuelle, M. Bertola résume très-succinctement ce qu'il a déjà dit à ce sujet dans son premier Mémoire. Ainsi, il regarde comme causes de la maladie actuelle des variations atmosphériques tout exceptionnelles, qui ont produit le développement extraordinaire des champignons déjà indiqué. Quant à la supposition d'une maladie essentielle de la vigne, M. Bertola la rejette de toutes ses forces.

Passant en revue la série des autres causes, M. Bertola en mentionne une qu'il n'avait pas examinée en 1851, c'est la présence d'un *acarus*, regardé par M. Robineau-Desvoidy comme l'origine de la maladie. Cette assertion remonte, vous le savez, Messieurs, au Congrès scientifique d'Orléans. Il n'est pas besoin de dire que M. Bertola la repousse en s'appuyant sur les raisonnements exposés par M. Letellier. A ces réponses, vous pourrez joindre les réflexions si judicieuses et si élevées de votre savant correspondant de St-Séver, M. Léon Dufour (1).

La maladie de la vigne n'est pas contagieuse, dit M. Bertola ; c'est la conséquence nécessaire du point de vue sous lequel il l'envisage. La dissémination des spores, d'une part, la végétation plus luxuriante de l'autre : tels sont les deux phénomènes qui caractérisent le fléau. Donc, toutes les fois que des circonstances diverses viendront faciliter le développement de l'un et de l'autre, l'affection, c'est-à-dire, l'oïdium aura plus de chances de se développer.

M. Bertola énumère enfin les moyens curatifs employés ; ainsi il reproduit la solution de sulfure de chaux, le lait de chaux, les lessives de cendres, les solutions alcalines (alun, bi-carbonate de potasse), l'eau de goudron. Mais en dehors de ces agents, celui qu'il conseille comme le meilleur, c'est le soufre en suspension dans l'eau, administré par le procédé Gontier. Comme prophylactique, il conseille à l'imitation de M. Duchartre et de la Commission de Gênes, la taille automnale et l'enlèvement de la vieille écorce.

Mais, encore une fois, répète M. Bertola (2), à la fin de son mémoire, la maladie régnante est une maladie du *raisin* et non de la *vigne*.

Le meilleur éloge que l'on puisse faire de cette instruction, Messieurs, c'est qu'elle remplit son titre : elle est complète, elle instruit, et elle est à la portée de tout le monde.

Ne serait-il pas bon, ne serait-il peut-être pas utile ; toutefois en l'accompagnant des notes nécessaires, de la répandre et de la populariser ?

Quoiqu'il en soit, il ne me reste plus comme rapporteur,

---

(1) *Act. de la Soc. Linn. de Bord.*, t. XVIII, pag. 37.

(2) Bertola, *Istruz. popol.* pag. 12.

qu'à vous proposer, Messieurs, de vouloir bien prendre la résolution suivante :

« En raison de l'importance des travaux de la Commis- » sion de l'Académie royale d'agriculture de Turin, en par- » ticulier de ceux de M. le docteur Bertola, le Président de » la Commission formée au sein de la Société Linnéenne » de Bordeaux, est invité à écrire à M. Bertola, au nom » de la Commission ; à lui tèmoigner tout l'intérêt que nous » avons pris à ses belles et consciencieuses recherches ; à » lui faire part de nos travaux ; à le prier de vouloir bien à » l'avenir nous communiquer les résultats théoriques ou » pratiques que l'on aurait obtenus dans le Piémont et » les travaux auxquels la savante assemblée dont il fait » partie, se serait livrée sur le sujet qui nous occupe ».

Telles sont mes conclusions, Messieurs, à l'égard de M. le docteur Bertola ; et si vous voulez bien les accueillir, il est bien entendu que ces relations ne pourront s'établir que quand notre Commission publiera le compte-rendu de ses travaux.

Mais auparavant, Messieurs, je viens vous prier d'accomplir ce que je regarde comme un heureux devoir : c'est de voter de chaleureux remerciements à notre zélé Président (1), qui nous a valu cette bonne fortune, auquel nous devons d'avoir été initiés aux travaux italiens d'une si grande portée et d'un intérêt si puissant ; en même temps, je vous ferai remarquer que nous devons nous estimer d'autant plus heureux d'avoir eu ces communications, que M. Bertola s'exprime ainsi à propos du grand rapport de la Commission (2) :

« Cette relation, imprimée par ordre de l'Académie, mais

---

(1) M. Ch. Des Moulins, président de la Société Linnéenne.

(2) *Istruz. popol.* pag. 4.

» à un trop petit nombre d'exemplaires n'a pas pour ainsi » dire été livrée à la connaissance du public ».

Plus heureux que la majeure partie des Piémontais, nous avons pu en avoir connaissance ; mais par cela même ne devons-nous pas être plus empressés à reconnaître le zèle, et l'obligeance de celui à qui nous les devons ?

D.r TH. CUIGNEAU, *rapporteur.*

La Commission de la maladie, dans sa séance générale du 2 Décembre 1852, a adopté les conclusions de ce rapport.

Le Secrétaire rapporteur de la Commission,

CH. LATERRADE.

SULLA MALATTIA DELLE UVE

ISTRUZIONE POPOLARE,

DEL SOCIO ORDINARIO

Dottore V. F. Bertola,

approvata della Commissione della R. Accademia d'Agricoltura nella seduta del 19 Luglio 1852.

INSTRUCTION POPULAIRE

SUR LA

MALADIE DES RAISINS

Par le docteur BERTOLA;

traduit de l'Italien par le D.r Th. Cuigneau, *membre de la Société Linnéenne.*

Si la maladie des pommes de terre, devenue depuis quelques années générale en Europe, n'a pas épargné notre pays, celui-ci du moins (plus heureux que bien d'autres, dont la principale subsistance consiste dans ce produit) n'en a pas éprouvé un grand dommage ; il n'en est pas de même de la *maladie des raisins*, qui a envahi la presque totalité de nos vignobles dans la déplorable année 1851, et qui de nouveau vient aujourd'hui infester nos vignes. En effet, on peut bien dire que le vin est un objet de première nécessité pour le Piémont, mais il peut encore, sans aucun doute, devenir un objet de commerce très-lucratif avec l'étranger, pourvu que l'on emploie de bonnes méthodes de fabrication.

Cette maladie, dont la première apparition en Europe date de 1845, avait été pour moi l'objet d'une notice que j'avais insérée dans le *Répertoire d'Agriculture* de M. Ragazzoni (cahier de Novembre 1850). J'avais recueilli et examiné les diverses notices qui étaient parvenues à ma connaissance et je gardais la salutaire confiance que la maladie n'aurait pas franchi les Alpes, cette barrière imposée par la nature pour la défense de notre belle Italie. Mais ce funeste fléau est venu deux années consécutives donner, pour ainsi dire, un démenti à ma trop grande sécurité, en infestant tous nos vignobles et se propageant en quelques lieux avec une épouvantable rapidité.

Dans une aussi grave occurrence, le Ministre de l'Agriculture et du Commerce a invité l'Académie royale d'Agriculture à étudier les caractères et la marche de la maladie, ainsi que les moyens jugés utiles pour la réprimer. A cet effet, l'Académie nomma de suite dans son sein une Commission dont les membres visitèrent avec sollicitude plusieurs vignobles, situés à peu de distance de cette capitale, dont les uns n'offraient rien d'extraordinaire et les autres furent reconnus infectés de la maladie.

Le même Ministre invita aussi les Intendants des provinces, tant de la Terre-Ferme que de la Sardaigne, à lui transmettre avec le plus grand soin les renseignements qu'ils auraient acquis sur la maladie régnante. Les administrations publiques et aussi quelques particuliers animés de l'amour du bien public, répondirent à ces invitations. Ces documents étaient transmis par le Ministère à M. Cantu, et c'est de ce dernier que je les tenais; car, la Commission m'avait confié la charge honorable et pénible de les examiner tous et avec la série des observations faites par la Commission d'en rédiger une relation complète.

Pénétré de la haute importance et des difficultés de la

charge qui m'était confiée, je ne m'épargnai aucune peine pour que mon travail ressortît aussi complet que le permettaient le peu de temps que j'avais à y consacrer, les vives instances du Ministre pour sa soigneuse exécution et l'époque déjà avancée de la saison.

Cette relation, imprimée par ordre de l'Académie, mais à un trop petit nombre d'exemplaires, n'a pas, pour ainsi dire, été livrée à la connaissance du public. Il en est de même de l'Appendice à cette relation, que je fis insérer dans le N° de Juin 1852 du même *Répertoire*. On connaissait encore moins les diverses notices ayant trait à l'objet de cette discussion et qui furent postérieurement publiées dans divers journaux d'Agriculture et d'Horticulture de France.

Durant ce temps, la fatale maladie s'est répandue de nouveau dans un grand nombre de localités et semble devoir prendre un accroissement notable, sans qu'on puisse avoir recours aux divers moyens curatifs dont on a constaté l'efficacité dans d'autres pays, mais dont nous n'avons ici qu'une idée vague et confuse. C'est ainsi que quelques individus ont eu recours au funeste expédient de couper les ceps sur lesquels les raisins étaient recouverts d'une poussière blanche, regardée par eux comme l'effet de la maladie de la vigne elle-même.

Il y a plus, et beaucoup avant la véritable et réelle apparition de la maladie avaient crié à une nouvelle invasion, fondée sur de fausses apparences.

Pour tous ces motifs, j'ai conçu la pensée de faire connaître en termes adaptés à l'intelligence la plus ordinaire et en laissant de côté toute discussion scientifique, les caractères de la maladie, et les moyens les plus avantageusement pratiqués pour la guérir ou l'empêcher.

Dans le courant de l'année 1851, on ne connut que tard,

par une heureuse inexpérience, l'invasion de la maladie, qui, dans quelques localités, semble s'être manifestée à la fin du mois de Juin, dans d'autres au commencement d'Août, et dans le plus grand nombre de lieux à la fin de la première quinzaine de Juillet.

L'Académie d'Agriculture n'en eut connaissance officielle que vers le mois d'Août, c'est-à-dire, quand la maladie avait fait déjà d'effroyables progrès, de telle sorte que la Commission nommée à cet effet, n'a pu reconnaître les premiers signes du mal d'après des renseignements vagues et insignifiants, les seuls que pouvaient donner des viticulteurs dont l'attention ne s'était pas portée sur ce nouveau danger. Et comme, néanmoins, ce sont les premiers symptômes de la maladie qu'il importe de connaître, afin de pouvoir chercher le remède d'après la maxime : *Principiis obsta*, nous pensons devoir rapporter ici ce qu'en a écrit le célèbre botaniste allemand, M. Hugo Mohl.

« Sur l'écorce verte des rameaux de l'année, on remarque » des points, où la production cryptogamique commence à » végéter et que l'on peut reconnaître à une altération lé- » gère dans la couleur normale primitive. A cette époque, » le champignon consiste en un petit nombre de filaments, » excessivement ténus, visibles seulement avec le secours » d'une bonne lentille, et qui forment par leur réunion sur » la surface de l'écorce un réseau irrégulier semblable à une » toile d'araignée. Dans les places indiquées, qui ont le » plus souvent une ligne de diamètre, l'écorce présente une » teinte plus obscure. Plus tard, avec les progrès du mal, » ces taches s'étendent, deviennent confluentes et prennent » la couleur brune du chocolat.

» La maladie insignifiante quand elle est limitée aux » jeunes rameaux, ne serait pas plus dangereuse quand les

» feuilles seraient attaquées : mais il n'en est plus de même » quand les fruits viennent à en être atteints ».

Voilà ce que dit M. Hugo Mohl : pour ce qui est de la période dans laquelle les grains sont attaqués, je préfère la description contenue dans la relation citée plus haut et qui est plus circonstanciée.

Il apparaît en commençant, sur les grains, une tache gris-brunâtre, presque ronde, velue : plus tard, tout le grain se recouvre d'une efflorescence excessivement fine, cendrée, visible à quelque distance et présentant l'aspect d'une poussière analogue à celle dont sont couvertes, en Été, les plantes situées le long des chemins et exhalant une odeur désagréable de moisissure ou, selon quelques-uns, de poisson corrompu. Cette efflorescence disparaît au bout de quelque temps et est remplacée par une petite tache colorée en brun, qui s'étend aux pédicelles et à la tige de la grappe elle-même.

Si le raisin est affecté de la maladie quand il commence à se former, il se dessèche et tombe, et quand la majeure partie des grains d'une grappe en est affectée, les mêmes effets arrivent au bois et aux pédicelles.

Si les grains sont atteints de la mucédinée quand ils ont acquis environ la moitié de leur grosseur normale, ils persistent sans grossir davantage et éclatent suivant leur longueur, attendu que l'épiderme ne peut obéir à la distension du parenchyme qui continue de croître ainsi que les pépins dont le volume fait des progrès jusqu'à un certain point et qui restent à nu. Peu à peu le grain se crispe, se dessèche, son épiderme prend une couleur olivâtre avec quelques petits points brunâtres, et il s'endurcit comme du parchemin. Quelques grains moins malades arrivent à maturité, mais déformés et plutôt charnus que succulents. Au contraire, dans beaucoup de cas, les grains se dépouillent rapidement de cette efflorescence, leur couleur verte reparaît nette et brillante et ils continuent de croître jusqu'à maturité.

Si le raisin a été plus tardivement atteint de la maladie, c'est-à-dire, quand les grains ont acquis presque tout leur développement, l'action des cryptogames n'est plus assez puissante pour l'empêcher de mûrir et d'acquérir sa grosseur accoutumée, lors même que la grappe serait fortement endommagée.

Tous ces divers degrés de la maladie se sont présentés dans le courant de cette année, dans le même vignoble, dans la même rangée de pieds, quelquefois même sur la même grappe. Rarement tous les pieds d'une même rangée ont été affectés ; le plus souvent, le mal a procédé par sauts et à côté d'un pied dont tous les fruits étaient perdus, on en voyait un complètement sain. Les feuilles, surtout les plus jeunes, présentaient parfois sur leur surface supérieure, cette même toile, qui disparaissait facilement au moindre frottement.

La mémoire des pertes éprouvées par nos agriculteurs les a rendus cette année prudents et même soupçonneux au point de croire à l'existence de la maladie alors même qu'il n'y en avait aucun vestige. A cet effet, j'ai fait insérer dans la Gazette officielle du royaume une courte note tendant à dissiper des craintes sans fondement et de plus j'ai examiné avec soin un grand nombre de rameaux envoyés par divers propriétaires de vignobles et porteurs de cette altération à trompeuse apparence.

Dans quelques variétés de la vigne, on voit en effet sur les jeunes rameaux ou sur la face inférieure des feuilles une multitude de poils blancs, ce duvet est excessivement épais sur les feuilles les plus tendres, il devient plus rare à mesure que la feuille se déploie et à cet état, on l'a confondu avec le maudit champignon.

Sur la face inférieure des feuilles de vigne, on voit encore certaines taches très-épaisses, circonscrites, déprimées correspondant à une élévation de la face supérieure d'un blanc rosé, devenant roussâtre ou couleur de rouille en automne. Ces taches regardées par quelques-uns comme un principe de maladie sont dues à une espèce de cryptogame microscopique parasite différent de l'*Oïdium*; c'est l'*Erineum vitis* qui ne cause aucun dommage ni à la vigne, ni aux raisins, pas même aux feuilles si ce n'est aux points où il se développe.

Quelle que soit la tache ou l'altération dont soient atteints les fleurs, les feuilles, les fruits ou telle autre partie de la plante que ce soit, et de laquelle ils ne peuvent se rendre raison, nos paysans lui appliquent la même dénomination de *marino* comme aussi ils nomment *marino* la maladie des vers-à-soie; enfin cette même dénomination a été donnée par eux à la nouvelle maladie du raisin ne tenant en ceci nul compte de la production cryptogamique parasite ou bien assimilant cette efflorescence à la moisissure, qui naît sur les raissins pourris dans les années trop pluvieuses.

La vigne comme tout autre produit peut être affectée de cette maladie qu'on nomme *nebbia* ou *marino* ou *Brusarola* et dans le courant de cette année, il m'est arrivé de voir de nombreuses vignes et même un vignoble entier complètement dévasté par ce fléau sans l'apparence d'aucun vestige de cryptogame.

Aussi, pour éviter de graves équivoques, je vais donner en termes les plus simples les plus faciles à comprendre une description du champignon parasite microscopique qui constitue la cause et le signe le plus apparent de la maladie.

Tout le monde connaît les moisissures qui naissent sur les substances animales ou végétales abandonnées à elles-mêmes dans un lieu humide. Ces moisissures sont des champignons microscopiques composés de filaments très-grêles, ordinairement très ténus (de telle sorte que le moindre frottement les détruit) parfois simples, le plus souvent rameux, distincts ou entrelacés et d'une couleur blanche ou roussâtre, jaunâtre ou noirâtre. Ces fils forment ce qu'on appelle le *Mycelium*, c'est-à-dire, le corps du même champignon.

Les botanistes ont distribué ces plantes en divers genres dont chacun comprend un certain nombre d'espèces. Le mycelium de la mucédinée dont nous parlons consiste dans des filaments sub-articulés presque cylindriques, un peu ramifiés, d'une couleur blanc roussâtre, d'une odeur nauséeuse, naissant sur la surface de la peau des raisins ou bien de l'épiderme des parties vertes de la vigne et présente alors l'aspect d'une toile d'araignée.

La fructification de cette espèce, rapportée par les Botanistes au genre *Oïdium* et distinguée spécifiquement par l'épithète de *Tuckeri*, du nom de celui qui l'a signalée le premier, consiste dans des filaments issus du mycelium dont nous venons de parler, et longs de $^1/_5$ ou $^1/_6$ de millimètre. Ces filaments sont dressés, ascendants, renflés à leur extrémité en forme de clou, cloisonnés dans l'intervalle; la dernière de ces cloisons forme l'organe appelé *sporange* qui est comme le fruit dans lequel sont renfermées les *Sporidies* ou séminules.

Ces sporidies de forme elliptique et d'une longueur qui ne dépasse pas 0,351 de millimètre, peuvent être transportées par le vent à de très-grandes distances; en tombant sur les parties les plus tendres de la vigne. ils deviennent l'origine d'un nouveau mycelium et propagent ainsi la maladie. Le champignon s'alimente au moyen des sucs du raisin, jusqu'à ce que celui-ci desséché, crevé et devenu comme ligneux ne puisse plus lui fournir de nourritnre, et finalement ce mycelium se trouve détruit. Le professeur Brignoli croit que la durée de la vie de ce champignon depuis sa première apparition jusqu'à sa disparition complète, ne dépasse dix à douze jours.

En faisant attention à cette description de la production cryptogamique, funeste cause de la maladie spéciale des raisins, on évitera de la confondre avec les autres affections morbides qui affectent la vigne.

Les poils longs et gros qui recouvrent uniformément l'épiderme de la face inférieure et non de la face supérieure des feuilles, se distinguent facilement de cette toile ténue et si fine qni se trouve principalement sur la face supérieure et qui s'enlève au moindre frottement. Plus facilement encore on distinguera l'*Erineum vitis*, qui jamais ne vient sur les fruits. Enfin les raisins frappés de *marino* ou de *Brusarole* restent flétris, roussâtres et secs, mais sans induration et surtout sans se recouvrir en aucun moment de cette efflorescence blanche douée d'une odeur *sui generis*.

Les renseignements transmis au Ministère de l'Agriculture et du Commerce des diverses parties du royaume, sont d'accord pour attribuer la cause de la maladie qui a sévi cette année aux pluies extraordinaires des mois de Mai, Juin et Juillet, au froid des nuits succédant à la chaleur des jours, aux vents du midi, aux brouillards extraordinaires. Ils s'accordent encore à reconnaître que si des raisins dont le parenchyme n'était pas encore gâté, ont fait des progrès sensibles vers leur guérison, ces effets sont dûs à la cessation des pluies, et aux journées chaudes et sereines qui ont succédé à des jours nébuleux. Enfin ils s'accordent aussi à reconnaître unanimement l'existence de la production cryptogamique sur les raisins malades. Quelques-uns ont voulu que ce champignon et le dépérissement du raisin qui le suit, ne fussent que l'effet d'une maladie de la vigne elle-même ; mais dans cette hypothèse, il serait parfaitement inutile d'appliquer un remède sur les raisins malades.

Il est vrai que quelques écrivains honorables, pensant que la maladie a sa cause dans un état de langueur et de débilité de la plante, ont conseillé de lui donner une bonne fumure ; la fausseté de cette hypothèse est démontrée et par la relation déjà mentionnée et par l'appendice qui l'a suivie et surtout par l'observation du grand développement des branches de vignes et l'abondance extraordinaire des raisins que l'on a remarqué cette année.

La supposition d'une infection de la vigne causée par la plante parasite ne subsiste pas non plus, puisque la constitution ligneuse du sarment ne peut être endommagée par la végétation toute superficielle de la mucédinée. La moëlle saine et blanche durant l'accroissement du bois, jaunit et se dessèche à mesure que celui-ci mûrit, absolument comme dans les temps ordinaires. Quant à la supposition d'une dégénérescence de la sève, la Commission de Lyon s'est assurée que ce liquide conserve son caractère normal d'acidité.

M. Robineau-Desvoidy dans un mémoire adressé à l'Académie des sciences de Paris a attribué l'origine de la maladie de la vigne à un insecte du genre *Acarus*. M. Letellier a immédiatement combattu cette assertion en soutenant que l'*Acarus* coincide fortuitement avec le champignon parasite, mais qu'il peut exister sans la maladie de la vigne. D'ailleurs, l'époque de l'invasion de l'insecte serait d'après M. Robineau-Desvoidy aux mois d'Août et de Septembre, tandis que la maladie de la vigne commence à paraître bien avant.

La maladie de la vigne ne paraît pas être contagieuse,

car on a vu des raisins demeurer très-sains quoiqu'ils fussent en contact immédiat avec des raisins malades. La diffusion de la maladie dans un même vignoble dépend de l'influence générale de la cause productrice, c'est-à-dire, de la diffusion de l'*Oïdium*.

Cette année, l'invasion et l'extinction de la maladie paraissent plus promptes et plus rapides en raison des circonstances atmosphériques éminemment favorables à la végétation de la vigne. Je ne puis dire qu'une exposition plutôt qu'une autre, que les lieux bas plutôt que les places élevées, que les raisins couverts plutôt que ceux qui sont exposés au soleil et aux vents en soient exempts ; je dirai seulement : la dispersion des cryptogames s'est faite au hasard. Les pluies violentes qui paraissaient propres à arrêter les progrès de la maladie, ont semblé au contraire parfois les favoriser. — Le champignon microscopique se nourrit des sucs du raisin, c'est pourquoi l'atmosphère sèche ou humide n'a qu'une légère influence sur sa végétation. — Sa diffusion semble dépendre uniquement de la direction des vents qui transportent çà et là les semences de l'*Oïdium* répandues dans l'atmosphère. Celles-ci germent de préférence sur les raisins à peau tendre, et c'est pour cela que les raisins à peine formés se désorganisent et tombent. Quelle sera la terminaison de ceux qui jusqu'ici sont restés intacts? Tout porte à croire qu'au lieu de la richesse extraordinaire de nos vignes, nous ne retirerons qu'une récolte presque nulle.

La maladie des raisins sera-t-elle passagère ou bien ravagera-t-elle encore longtemps nos vignobles ? Quels seront les moyens à pratiquer pour s'opposer à une nouvelle invasion ou à son influence permanente ? Il est assez difficile de donner à toutes ces questions une réponse satisfaisante. L'avenir est plein d'incertitudes pour les botanistes qui ont sérieusement étudié la maladie et observé ses épouvantables progrès. Divers moyens ont été employés et ce semble avec succès dans les serres et les espaliers où la maladie s'était montrée dans le principe et se développait plus fortement. Mais ils sont d'une application difficile dans les grands vignobles quand la maladie y a pris une extension considérable.

A la première apparition de la maladie, on taille et on brûle les rameaux et les raisins infectés. Si malgré cela, la maladie fait des progrès, il ne reste plus qu'à laver et à asperger avec une des substances suivantes dont l'expérience a démontré l'efficacité.

1.° Solution aqueuse de sulfure de chaux, préparé de la manière suivante :

Prenez : Chaux hydratée. . . . . . Une partie.
Fleur de soufre. . . . . . Une partie.
Eau. . . . . 20 parties.

On fait bouillir le tout dans un pot de terre ou de fer, et on passe après, au travers d'une toile, la solution ainsi faite de sulfure de chaux.

2.° Chaux récemment éteinte et dont on fait un lait avec vingt parties d'eau commune.

3.° Cendres dissoutes dans dix parties d'eau.

4.° Alun du commerce, ou sous-carbonate de potasse dissout dans seize parties d'eau.

5.° Eau de goudron, préparée de la manière suivante : on place au fond d'un vase de 8 à 10 litres, une couche de goudron de 2 millimètres de hauteur. On remplit le vase d'eau, on agite de temps en temps et on le laisse reposer vingt-quatre heures. En renouvelant l'eau, le résidu du goudron peut servir pendant un mois. Les aspersions doivent être renouvelées tous les deux jours jusqu'à la disparition complète des parasites.

Mais le remède le plus généralement efficace consiste dans l'aspersion de la fleur de soufre, opération faite de la manière suivante :

Un ouvrier commence, au moyen d'une seringue de jardin, par baigner, avec de l'eau pure, les rameaux, les feuilles, les grappes infectées ; il doit tenir l'instrument obliquement de manière à baigner de bas en haut en allant de droite à gauche, puis de haut en bas en allant de gauche à droite. Un autre ouvrier exécute l'aspersion du soufre immédiatement après le passage du premier, au moyen d'un soufflet spécial (dont il existe un modèle à l'Académie Royale d'Agriculture) et qu'il doit faire agir comme il a été dit pour l'aspersion de l'eau. La fleur de soufre pénètre sous forme de nuage dans tous les interstices et s'attache à toute la superficie baignée. En faisant l'opération de bon matin, alors que les pampres sont couverts d'une rosée abondante, on peut faire une bien moindre aspersion d'eau. L'ouvrier devra prendre les précautions nécessaires pour garantir ses yeux de la poudre qui pourrait lui occasionner une ophthalmie.

Quand le soufre a produit son effet, les pluies ou les vents, suivant le temps, enlèvent à la fois le soufre et le champignon, de sorte que le raisin reste net et luisant, pourvu que l'opération n'ait pas été faite trop tard, c'est-à-dire, dès que la peau du raisin a été tachée par le champignon destructeur.

De tous les moyens recommandés pour préserver la vigne d'une nouvelle invasion de la mucédinée, la taille automnale paraît être la plus efficace. Il convient aussi d'enlever la vieille écorce sur laquelle pourraient se conserver les semences de l'oïdium, et aussi de transporter ailleurs les couches superficielles de la terre, qui supportent la plante. La peine sera largement récompensée quand on aura réussi à détruire les générations futures de ces parasites. Peut-être aussi serons-nous servis par un hiver rigoureux. Rappelons-nous seulement que la maladie régnante est une maladie *du Raisin* et non de la *Vigne*, d'où il suit que couper les ceps de vigne, ne peut que faire tort et c'est pour cela aussi que la science ne peut donner son approbation aux incisions pratiquées sur le tronc.

NOTES.

1.° Le Professeur Savi a trouvé que l'*Oïdium Tuckeri* est identique avec l'*Oïdium Leuconium*, qui de temps immémorial se montre sur diverses plantes en Italie et en France, comme l'a observé Desmazières.

2.° Le sieur Gontier, inventeur de l'application du soufre, dont nous avons parlé, voulant reconnaître si l'effet de cet agent était promptement produit, a lavé, deux heures après l'aspersion, les parties malades et couvertes de soufre. L'eau a entraîné le soufre et avec lui les cryptogames, qui n'ont plus reparu depuis.

3 Septembre 1852.

*D.*r TH. CUIGNEAU.

DEUXIÈME SÉRIE.

DOCUMENTS TOSCANS.

Un de nos compatriotes, qui est en même temps propriétaire de vignobles considérables dans la plaine de Pise, M. le comte Alexandre de Bony, a bien voulu me promettre de procurer à la Commission des détails circonstanciés sur la marche de la maladie en Toscane. Cette promesse fut accueillie avec reconnaissance, et, sur le point de terminer sa session de 1852, la Commission m'autorisa, lorsque ces documents curieux et neufs pour la France, me parviendraient, à les présenter à la Société Linnéenne pour être joints à notre publication de cette année.

M. le comte de Bony vient d'accomplir l'engagement qu'il avait pris avec tant d'obligeance.

Il a mis à ma disposition deux lettres qu'il a reçues, en réponse aux questions catégoriques qu'il avait posées, l'une de Mgr. Della Fantaria, administrateur de l'archevêché de Pise, l'autre de M. Pardocchi. Notre collègue M. le docteur Th. Cuigneau, qui a déjà si bien traduit les documents piémontais, a bien voulu se charger encore de la traduction de ces deux lettres.

En outre, un travail d'ensemble sur la maladie de la vigne en Toscane, par M. le docteur Cuppari, et un discours sur le même sujet, par M. le marquis C. Ridolfi, l'une des premières notabilités scientifiques de l'Italie, ont été adressés à M. le comte de Bony pour être offerts à l'Académie des Sciences de Bordeaux. L'Académie, en me chargeant de lui présenter l'analyse de cette brochure publiée en 1851, m'a permis d'enrichir le Compte-rendu de la Commission, des faits importants qu'elle pourrait mentionner. C'est encore M. le docteur Th. Cuigneau qui a bien voulu en rédiger l'extrait.

Je dispose ces quatre pièces d'après l'ordre de leurs dates.

Bordeaux, le 15 Février 1853.

Le Président de la Société Linnéenne.

CHARLES DES MOULINS.

N.° 1. — *Rapport sur les recherches faites touchant la maladie du raisin, par le Professeur* P. CUPPARI (1).

(ANALYSE par M. TH. CUIGNEAU, *D. M.*).

Après avoir déclaré dans un court préambule que la maladie est actuellement (3 Août 1851) dans son plus grand degré de développement et que son histoire ne pourra être complète que quand la vigne aura accompli toutes les phases de sa végétation, M. Cuppari divise son travail en 8 paragraphes distincts dont je vais donner les titres et de courts extraits.

§ I.er « *Provenance de la maladie* ».

Rappelant l'apparition du fléau en Angleterre, en Belgique et en France, l'auteur caractérise ainsi son apparition en Toscane : « Établir d'une manière certaine et rigoureuse » l'ordre chronologique suivant lequel les diverses parties

---

(1) *Relazione delle Ricerche fin quipraticate interno la dominante malatia dell'uva, del Prof.* P. Cuppari. — Firenze; Tipografia Galileiana. — 1851.

» de la Toscane ont été envahies, me paraît non-seulement » difficile, mais impossible; tout ce que je puis affirmer » avec quelque fondement, c'est que des nombreuses vallées » affluentes de l'Arno, les plus voisines de l'embouchure » de cette rivière, ont été attaquées les premières (1) ».

§ II. « *Cause prochaine de la maladie* ».

« La cause qui apparaît au premier abord comme pro- » ductrice de la maladie de nos vignobles, consiste dans un » champignon microscopique qui se développe assez abon- » damment sur les diverses parties de la vigne...... Ce pa- » rasite ne s'attaque-t-il à la vigne que parce que celle-ci » est malade, ou bien l'envahit-il à l'état sain ? (2) » A cette question si importante, M. Cuppari répond que si les agriculteurs Français et Anglais ont admis la première hypothèse, pendant que la maladie se développait avec violence dans les cultures forcées de Margate ou de Paris, par contre, son apparition et sa progression dans un climat privilégié comme celui de la Toscane, le portent à croire « qu'un observateur logique ne pourra en aucune façon » supposer gratuitement un état morbide de la vigne préexis- » tant au développement du champignon (3) ». Au travail que j'analyse, le savant professeur Savi, a joint une note qui, pour lui, prouve l'identité de l'*Oïdium Tuckeri* (Berk.), avec l'*Oïdium leuconium* (Desmaz.), et il modifie ainsi la description de cette espèce : « Sporanges caducs, s'ouvrant « par une fente longitudinale, disposés en couronne à » l'extrémité de rameaux articulés, dressés, provenant d'un

(1) P. Cuppari; Relazione, etc. p. 4.

(2) *Id.* loc. c. p. 4.

(3) P. Cuppari, loc. cit., p. 5. — Comparez D.r Bertola; *Istruz-popol.*— D.r Bertini; *Rapport au Congrès scientif. de Toulouse* (Sep-

» *mycelium* à filaments excessivement ténus, étendus sur » la cuticule de plantes vasculaires vivantes (1) ».

§ III.— « *Siége de la maladie* ».

Il résulte des observations de M. Cuppari que l'*Oïdium* attaque de préférence les organes les plus jeunes de la plante. « Le cryptogame préfère les grains de raisins, et » sur les feuilles il s'établit plus facilement sur la face » inférieure........ J'ai observé que le champignon envahit » d'abord la grappe, puis le rameau, puis le drageon, les » plus petites des feuilles, et enfin les deux faces de ces » dernières (2) ».

§ IV.— « *Succession des phénomènes, et altérations organiques » produites par la maladie* ».

Cette série de faits observés par le professeur Toscan est malheureusement la même que celle que nous avons trouvée reproduite par tous les expérimentateurs, et pour les feuilles et pour les fruits. « Si l'on jette un coup-d'œil sur l'influence » que la présence du cryptogame exerce sur l'ensemble des » fonctions organiques de la vigne, il est impossible de ne » pas concevoir quelque crainte touchant les perturbations » que cette présence doit nécessairement amener dans l'éco- » nomie entière de ce premier végétal; et cela non pas tant » par la soustraction des sucs nourriciers qu'opère l'*Oïdium* » que par la diminution dans les fonctions assimilatives des » parties vertes et principalement des feuilles affectées » (3).

---

tembre 1852).— *Lettres de Mgr.* DELLA FANTERIA (Décembre 1852), et de *Mgr.* PARDOCCHI (Janvier 1853).

(1) P. Cuppari; loc. cit. p. 20.— Comparez avec cette description, celles du Rév. Berkeley, et celle du D.r C. Montagne.

(2) P. Cuppari, loc. cit. p. 7.

(3) P. Cuppari, loc. cit. p. 8.

§ V.— « *Circonstances qui semblent modifier la marche de la maladie* ».

« Comme ses congénères, le champignon qui nous occupe » a besoin, pour se développer, d'une chaleur modérée » accompagnée d'un peu d'humidité et d'air peu renou- » velé » (1). Cette observation a reçu en Toscane, comme en France et en particulier dans la Gironde, de nombreuses exceptions. Toutefois, « dans les terrains légers, les vignes » ont été beaucoup plus endommagées que dans les terres » compactes. Peut-être faut-il attribuer ce développement » de la maladie, à l'ombrage plus grand que les ceps reçoi- » vent dans le premier cas, et des pampres et du feuillage » des arbres où la vigne s'attache » (2). De cette façon, se trouveraient d'ailleurs réunies les trois conditions de végétation mentionnée plus haut. La même divergence s'est aussi présentée dans les divers cépages, bien qu' « en géné- » ral, les blancs aient été plus maltraités (3) ». Quant aux vicissitudes atmosphériques, la chaleur sèche a paru contrarier la multiplication du champignon, que semblait, par contre, favoriser la chaleur humide. Quant aux pluies, « il » est vrai », dit notre auteur, « qu'elles emportent les » sporanges des grappes qu'elles lavent; mais elles respec- » tent le *mycelium*, qui sous l'influence de l'humidité plus » grande, qui succède aux pluies, donne lieu aussi à une » reproduction plus abondante (4) ».

§. VI. — « *Effets produits sur les animaux qui se nourrissent de pampres ou de raisins altérés par la maladie* ».

L'Oïdium est-il vénéneux? A cette question, M. Cuppari répond par la voie de l'expérience; il a fait manger à des

(1) P. Cuppari; loc. cit. p. 9. — (2) P. Cuppari; loc. cit. p. 9.
(3) (4) Id. loc. cit. p. 10.

chiens du pain saupoudré de la poussière blanche de l'*Oïdium ;* il leur a fait boire de l'eau qui avait servi à laver des vignes malades et n'a observé aucun fâcheux résultat (1). Une note placée à la fin du mémoire (2) indique que les mêmes expérimentations aussi favorables ont été faites par le D.r Honoré Bacchetti, à Pise, et le professeur Pierre Puccetti, à Lucques. Enfin, M. Cuppari, lui-même, a mangé des raisins mûrs et couverts d'*Oïdium* et cela « sans » en être aucunement incommodé (3) ».

Quant aux qualités nuisibles développées par les raisins oïdiés dans la vinification, l'auteur ne peut se prononcer. « Il se peut, que le vin ainsi fabriqué ait quelque odeur » spéciale, ne soit pas de facile conservation, etc. L'expé- » rience prononcera ; mais », avait-il dit précédemment, » » le fruit n'a rien de délétère (4) ».

§. VII.— « *Remèdes à opposer au mal et destinés à obvier aux altérations de la vinification* ».

M. Cuppari qui a mis en usage les divers moyens conseillés (fleur de soufre, irrigation d'eau de chaux, cendre, plâtre, urine de vache), ne peut émettre une opinion bien fondée sur la valeur comparative de ces agents. « Par la » fumigation avec l'acide sulfureux, on n'a pas obtenu » d'effets sensibles ». Pour lui, *sauf vérification ultérieure,* ajoute-t-il avec modestie, l'aspersion de la poudre de chaux ou de plâtre, faite le matin à la rosée, lui a paru plus efficace que l'emploi des solutions des mêmes substances.

« Quant aux précautions à prendre dans la vinification, » il me paraît convenable de séparer les raisins sains ou

(1) P. Cuppari, loc. cit. p. 11.
(2) Id. loc. cit. p. 20.
(3) (4) Id. loc. cit. p. 11.

» presque sains de ceux qui ne sont que médiocrement altérés, et de ceux, surtout, qui sont tellement affectés qu'il » n'y a pas lieu d'en espérer aucune espèce de vin. Les » premiers seront traités à la méthode ordinaire ; les seconds » seront lavés et foulés aussi rapidement que possible ; le » moût sera séparé du marc avant la fermentation ; quant » aux fruits de troisième qualité, le produit en pourra être » abandonné à la distillation ; enfin, il est clair que les » raisins totalement perdus ne devront servir qu'à augmenter la masse des fumiers (1) ».

§ VIII.— « *Craintes et espérances pour l'avenir de l'industrie vinicole en Toscane* ».

Comparant les trois grandes cultures de la Toscane (mûrier, olivier, vigne) et remarquant l'importance de cette dernière, M. Cuppari ne se dissimule pas les fâcheux résultats qui arriveraient pour son pays par l'annihilation de ce produit sous le triple rapport de l'agriculture, de la richesse nationale et de l'hygiène publique (2). Toutefois, les faits jusqu'alors observés, et la période dans laquelle on se trouvait, lui donnent à penser que même la récolte de cette année (1851) ne sera pas fortement compromise, pas plus que l'avenir de l'industrie vinicole (3). Malheureusement, les évènements n'ont pas confirmé les espérances de M. Cuppari.

A la suite de ces huit paragraphes distincts, l'auteur a résumé presque aphoristiquement ce que je viens d'analyser, et c'est par là qu'il termine son rapport.

---

(1) P. Cuppari ; loc. cit. p. 13 et 14.
(2) Id. loc. cit. p. 15.
(3) Id. loc. cit. p. 18.

N.º 2.— *Discours sur la Maladie du raisin, par le marquis* C. Ridolfi (1).

(Analyse, par M. Th. Cuigneau, *D.-M.*).

A la clôture de la séance dans laquelle le professeur Cuppari avait lu le Mémoire précédent, M. le marquis C. Ridolfi, ancien ministre d'agriculture, membre étranger de l'Institut des Provinces de France, et président de l'Académie Royale des Géorgophiles de Florence, prononça un discours dans l'intention de rectifier, corroborer et compléter les observations précédemment publiées.

Ainsi, toutes ses remarques et ses expériences lui donnent « la certitude qu'un air humide et chaud, avec absence » de l'action directe des rayons solaires, favorise le déve-» loppement de l'*oïdium* (2) ».

Il s'en faut de beaucoup que le célèbre agronome partage la sécurité du professeur Cuppari sur le produit des récoltes, soit tardivement, soit légèrement affectées. « Mais, ajoute-t-il, « puisque tout le monde s'accorde à reconnaître » l'efficacité de la chaux caustique pour détruire l'*oïdium*, » pourquoi ne persuaderait-on pas aux cultivateurs de » s'en servir pour combattre ce fléau ? (3) » « .... Il » ne faut pas perdre de temps et différer encore à em-» ployer ce moyen, non-seulement pour empêcher que le » champignon augmente ses ravages sur les grappes déjà

---

(1) *Parole dette* del présidente march. C. Ridolfi, alla Reale Accademia de Georgofili, etc.; nell' adunanze del di 3 Agosto 1851. — (ce discours est imprimé à la suite du travail de M. le Professeur Cuppari). — Ces deux Mémoires sont, du reste, extraits du recueil des *Actes* de la susdite société (*Extr. degli Atti*, T. XXIX).

(2) C. Ridolfi; loc. cit. p. 22.

(3) C. Ridolfi; loc. cit. p. 24.

» envahies, non-seulement pour les limiter là où il ne fait » qu'apparaître, mais surtout pour *préserver* les raisins » encore épargnés (1) ». . . . . , ...

» . . . . « Je dis *préserver*, parce que je suis » convaincu que la chaux détruit les séminales du champi- » gnon quand elle est en contact avec elles, comme il ré- » sulte des expériences que j'ai faites sur le porte-objet du » microscope. C'est ce qui me fait penser aussi que si la » surface du raisin était recouverte d'une poussière miné- » rale, les sporules qui viendraient à y tomber n'y *feraient* » *pas fortune*. . . . . C'est un même résultat que l'on » a obtenu dans les établissements de Londres, de Paris et » de Versailles en saupoudrant les grains de fleur de soufre; » c'est ce qui est arrivé aussi chez nous pour les vignes si- » tuées le long des grandes routes : celles-ci furent, assure- » t-on, préservées jusqu'au moment des pluies, par la » poussière terreuse fournie par le piétinement des chevaux » et le roulement des charriots et des voitures. Si donc ces » poudres, que j'appellerai *indifférentes* par elles-mêmes, » puisqu'elles n'ont aucune action chimique possible sur les » sporules, peuvent néanmoins être puissamment utiles » par leur seule action mécanique, par leur seule interposi- » tion, bien plus utile sera la poudre de chaux, qui possède » par elle-même une alcalinité dont l'action chimique est » bien plus forte et que l'expérience a d'ailleurs démon- » trée (2).

On peut employer cette poudre de chaux comme la poudre de soufre, mais ce qui vaut mieux, c'est « d'asperger » le raisin avec un lait de chaux suffisamment épais, l'ac- » tion chimique est plus vive et plus durable, et l'action

(1) C. Ridolfi; loc. cit. p. 24.
(2) Id. loc. cit. p. 25.

» mécanique est complète. . . . . . . D'autre part, la chaux » est une substance d'un prix modique, innocente par elle-» même, se transformant au bout de quelques jours en » carbonate, et d'ailleurs déjà employée à l'approche des » vendanges par les cultivateurs qui s'en servent pour pro-» téger les meilleurs cépages contre la rapacité des marau-» deurs (1) ».

M. le Mis Ridolfi conseille aussi d'augmenter l'alcalinité du lait de chaux par l'addition d'un peu de sel marin ou de cendre. Quant aux solutions de savon, il n'y a que peu de confiance et pas du tout dans les acides étendus. En résumant, il ajoute : « Toute solution alcaline est avantageuse, » mais le lait plus encore que l'eau de chaux me paraît la » substance que l'on doive employer de préférence. . . . . . » . . . . Certainement, rien ne serait plus » actif qu'une huile fine quelconque pour détruire la pro-» duction cryptogamique ; mais comment concilier cet em-» ploi avec la cherté ordinaire de ces substances, comment » ne pas redouter leur action sur les fonctions végétales, » comment enfin, ne pas craindre quelque altération dans » la qualité du vin produit (2) ».

N.° 3. — *Lettre de Mgr.* Della Fanteria, *administrateur de l'Archevêché de Pise, adressée à M. le Comte* Alexandre de Bony.

1.re Réponse : La maladie du raisin n'était pas connue en Toscane avant 1850 ; aucune vigne ne paraissait indiquer une détérioration dans la qualité du raisin ou du vin. — Au commencement de 1851, le mal était sérieux et étendu. —

(1) C. Ridolfi ; loc. cit. p. 26.
(2) Id. loc. cit. p. 27.

On ne trouve dans aucun ouvrage (mémoire, histoire ou chronique) aucun indice de pareil accident, si ce n'est dans Pline et dans un écrivain gênois de 1743. C'est dans la plaine de Pise que l'affection s'est montrée d'abord et plus gravement, vers la fin du mois de Juin.

2.me — Les vallées de l'Arno, de l'Era, et du Perchia, le territoire de Pietra Santa et celui de Barga furent gravement attaqués par la maladie en 1851, et plus gravement et plus promptement encore en 1852. En général, la plaine fut plus frappée que les collines et les montagnes. Les progrès ne furent pas notables sous le rapport du nombre de lieux attaqués, mais sensibles sous celui de l'intensité du mal.

3.me — La Maremme ne fut pas touchée par la maladie ; mais le Pietra Santino le fut, quoique, comme l'autre contrée, il soit situé dans le voisinage de la mer.

4.me — La qualité des terrains et la diversité de culture qui s'y fait remarquer, n'ont pas apporté de différence notable dans la maladie : voici quelques phénomènes particuliers que je crois devoir citer : Une vigne plantée dans le jardin, situé dans la ville de Pise, de celui qui vous écrit, a produit cette année des grappes d'une saveur excellente et d'une parfaite maturité, des grappes moitié saines et moitié malades, et des grappes totalement détruites par la maladie. Le phénomène le plus important est que les vignes dont les grappes reposent sur la terre, ont donné généralement des raisins intacts, comme les vignes situées près des haies et qui étaient protégées contre l'action de l'air.

5.me — Les vignes qui croissent sans culture dans les bois ont souffert comme les autres de la maladie, moins celles qui étaient couchées sur le sol par la raison indiquée au N.o 4.

6.me — En général, les raisins fins ont été plus maltraités que ceux plus communs. Du reste, pas de différence notable.

7.me — On discute beaucoup en Toscane, sur la nature et la cause de la maladie. On y est communément d'accord sur ce point que le germe en est répandu dans l'air et se développe plus ou moins en raison des dispositions qu'il trouve sur les plantes ou sur les grappes.

8.me On a conseillé et tenté beaucoup de remèdes : l'incision pratiquée au pied de la plante, la chaux délayée, l'urine, les acides de toute espèce, mais sans qu'aucun ait produit de bons résultats.

9.me — La maladie se présente sur les grappes et sur les feuilles sous l'aspect d'une toile d'araignée adhérente aux unes et aux autres, et sur les rameaux des vignes, sous l'aspect d'une légère couche (pellicule), d'une couleur noirâtre et opaque. Cette année, elle a commencé à paraître au commencement de Mai, et augmentant d'intensité par intervalles; car le mal s'est quelquefois arrêté et a permis au raisin de croître et de venir à maturité. Les progrès dans le nombre des localités affectées n'ont pas été réguliers, mais se faisaient comme par bonds.

10.me — Le raisin malade est toujours couvert d'une poussière ou *toile d'araignée* blanche; et quand il a été lavé par la pluie, il se recouvre très-promptement de la même poussière. Le même phénomène se retrouve sur les feuilles et très-rarement sur la souche des mêmes vignes.

11.me — Les plants de vigne qui avaient souffert de la maladie en 1851, ont développé une végétation qui semblait promettre un produit magnifique pour l'année 1852. Quelques personnes redoutent la perte des plants, spécialement des plus vieux; d'autres propriétaires ne partagent pas cette crainte. Les rameaux ont souffert et sont courts, mais ils ne sont pas gravement atteints.

12.me — Le raisin le plus attaqué est resté très-chétif, noir et dur; quelques personnes l'ont pilé dans un bassin de pierre et en y ajoutant de l'eau, ont obtenu une mauvaise boisson d'un goût tout particulier. Le raisin moins malade a produit du vin, mais mauvais à divers degrés. Le raisin qui est resté intact a fourni de bon vin comme les années précédentes. En général, le vinaigre a été meilleur que les années ordinaires. L'année passée, le vin, s'est conservé parfaitement; mais pour cette année, il va à mal (il tourne), ce qui peut dépendre d'une douceur inaccoutumée dans la température.

13.me — Le vin fait avec des raisins malades ne cause aucun dommage à la santé publique, qùi est meilleure que d'ordinaire, et cette raison a rendu inutiles toutes prescriptions de la part du Gouvernement.

14.me — Pas de différence dans la distillation.

15.me — Les études des agriculteurs et des savants n'ont amené aucun résultat, sur la grande question du remède à opposer au fléau.

Pise, 29 Décembre 1852.

L. Della Fanteria.

N.° 4. — *Lettre de M.* Pardocchi (de Pise), *adressée à M. le* C.te Alexandre de Bony.

Très-cher Comte,

Je suis loin d'être en état de pouvoir répondre aux nombreuses questions que vous m'adressez au sujet de la maladie des raisins. Les journaux et en particulier ceux du Piémont ont traité cette matière avec assez de détails.

Je vous dirai seulement que j'ai apporté une attention toute spéciale dans mes propriétés, situées à *Monte-Carlo*, colline du *Valdi-Nievole* et dans les dernières cultures des Apennins, aux confins du territoire de Modène.

Dans le *Valdi-Nievole* (colline bien exposée), à peine

en 1851, connut-on la maladie ; en 1852, nous avons perdu un sixième de la récolte. Les raisins les plus délicats ont été atteints de préférence aux autres. En particulier, le muscat blanc a été entièrement perdu.

Je vous ferai remarquer une circonstance toute particulière.

Le 25 Septembre, le temps était beau, le soleil très-chaud. Les paysans s'apercevaient que le raisin changeait de couleur, et ils se hâtèrent de vendanger. Pour moi, je m'obstinais à attendre une maturité plus parfaite ; mais le 26, le changement survenu dans les fruits était devenu tellement visible, que quelques jours de retard auraient amené la destruction totale de la récolte. Je remarquai et fis remarquer les jours suivants, le changement que l'on pourrait constater du matin au soir, et je fus ainsi contraint à faire un vin particulier avec ma dernière récolte, et la réussite n'en fut pas parfaite.

Le raisin cueilli pour la table a conservé toute sa délicatesse jusqu'à la fin de Décembre dernier.

Les raisins, dits *Colore, Canino,* qui nous servent à colorer les vins un peu trop clairs et que nous faisons bouillir dans de grands chaudrons, n'ont donné, cette année, ni consistance ni force à la couleur du vin.

Les vignes jeunes (3, 4, 5 ans) sont restées intactes. Dans les plants adultes et surtout chez les vieux, le mal a été violent. Toutefois, j'ai constaté que sur mes jeunes provins (1, 2 ans), une petite quantité de fruits ont été attaqués et complètement gâtés avant la fin du mois d'Août.

Quelques vignes *sauvages*, nées sur les hauteurs, et qui croissent naturellement près des buissons, non-seulement ont été *attaquées en totalité*, mais encore leurs fruits ont été entièrement détruits.

Les lieux bas et humides, exposés à l'influence des brouillards ont été plus gravement endommagés.

Le terrain de nos collines est calcaire ; et les fonds tenus en meilleur état de culture sont ceux qui ont donné le plus de fruits et ceux dont la maturité a été la plus parfaite.

Il est très-essentiel de noter que les vignes auxquelles la taille n'avait laissé que des rejetons courts et peu nombreux (une maitresse branche ou deux au plus ; trois ou quatre yeux), se sont mieux développées et ont donné des produits supérieurs et plus abondants. Une de mes vignes était précédemment négligée ; j'ai voulu la réparer en partie, en la traitant avec du fumier de chèvre et de mouton. La partie que j'ai fortifiée par ce bienfaisant secours, s'est améliorée et m'a donné du fruit et d'excellents rejetons pour provins.

La maladie n'a pas porté également sur toutes les parties d'un même vignoble ni d'un même pied de vigne : nous avons vu, sur le même cep, une branche malade, l'autre saine : une branche malade près du tronc, restait saine à son extrémité, et *vice versâ ;* une grappe était malade à son extrémité inférieure sans que son sommet fût atteint, et *vice versâ*. Ces mêmes observations ont été faites sur les diverses qualités de raisins blancs et les plus délicats.

Nous reconnaissons maintenant que les vignes vieilles et malades sont complètement perdues.

Dans la *Garsaguana*, sur le flanc des Apennins, on n'a eu que peu de mal en 1851, et cela seulement dans les plantations exposées au midi ; tandis que le long d'un cours d'eau, au pied du *San Pellegrino*, j'ai vu une vigne et quelques arbres servant de *hautains*, et qui sont exposés au Nord, porter et mener à bien une bonne récolte, tandis que tout ce qui était placé à l'exposition contraire fut perdu.

En 1852, la récolte a été détruite avec une grande promptitude et en totalité ; mais sachez aussi que dans ces localités, on laisse à un pied de vigne, quoique vieux, jusqu'à 10, 12 et 15 maitresses branches.

Cette année, le vinaigre, même celui de la qualité la plus inférieure, a eu de la force, mais sans délicatesse. Je n'ai pu réussir à faire du vinaigre blanc, bien que j'y aie apporté toute la diligence et tout le soin possible. Le marc n'a pas pu passer à la fermentation acide et s'est moisi.

Je me suis empressé de séparer les raisins bons des raisins imparfaits. Néanmoins, le vin est faible, si toutefois on en excepte celui fait avec les mieux choisis.

En général, le vin se gâte; je n'ai pas vu jusqu'ici que le Gouvernement ait pris aucune mesure pour empêcher ou surveiller la vente de ces produits.

Il est inutile de vous dire que la maladie a suivi chez nous dans son développement les mêmes errements que dans les autres parties de la Toscane.

On a essayé toutes sortes de moyens curatifs mais inutilement.

Lorsque, au mois d'Avril ou de Mars, la vigne bourgeonne et se développe, nous sommes malheureusement obligés de pincer l'extrémité de chaque pousse pour empêcher la destruction par les chenilles qui l'attaquent.

Or, on a observé que les vignes que l'on avait omis, soit par incurie, soit par fausse économie des cultivateurs, de soumettre à ce traitement de précaution, ont été plus gravement endommagées.

Les gens de la campagne, dans leur ignorance, attribuent à la vapeur et aux chemins de fer ce fléau, et soyez assuré que leur croyance à cette absurdité est telle, que tous les raisonnements sont inutiles. Chez moi, le premier qui en parlera sera renvoyé.

C'est avec regret que je me vois privé de vous donner des notions plus précises, mieux coordonnées, plus détaillées; je ne suis pas en état de le faire comme le demanderait l'importance de la matière. Mais votre sollicitude pourra peut-être recueillir, dans ma lettre, une idée quelconque de ce qui m'est arrivé, sans que pourtant je puisse me flatter d'avoir complètement répondu à vos désirs.

Croyez-moi, avec estime et amitié,

Votre très-affectionné,

D. Pardocchi.

Pise, le 5 Janvier 1852.

TABLE.

DOCUMENTS PIÉMONTAIS.

DOCUMENTS TOSCANS.

BORDEAUX. — IMPRIMERIE DE TH. LAFARGUE, LIBRAIRE.

www.ingramcontent.com/pod-product-compliance
Ingram Content Group UK Ltd.
Pitfield, Milton Keynes, MK11 3LW, UK
UKHW020450180726
13839UKWH00004B/1744